AF457539

ISBN 978-3-662-24377-0 ISBN 978-3-662-26494-2 (eBook)
DOI 10.1007/978-3-662-26494-2

Sonder-Vorabdruck aus Zeitschrift
DER BAUINGENIEUR
32. Jahrgang · 1957 · Seiten 193—208 · Springer-Verlag / Berlin · Göttingen · Heidelberg

Das modernste Automobilwerk Europas
Adam Opel Aktiengesellschaft, Rüsselsheim am Main

Von **Heinrich Bärsch**, Leiter der Hauptabt. Werksanlagen und stellvertr. Vorstandsmitglied

DK 725.4 : 629.113 : 061.5 (43-2.483) Opel

Einführung

Erfolgreiche Bemühungen um eine Hebung des allgemeinen Lebensstandards bei gleichbleibender Konkurrenzfähigkeit gegenüber anderen dem technischen Fortschritt aufgeschlossenen Unternehmen haben als einzige Voraussetzung weitestgehende Rationalisierung der Fertigungsmethoden. Der auf rein körperliche Tätigkeit entfallende Anteil an den Produkten sollte durch den Einsatz zweckentsprechender Maschinen optimal gering gehalten und von Maschinen nicht zu bewältigende Operationen sollten unter geringstem Kräfteeinsatz ausgeführt werden. Das Ziel aller Planungen um die Einführung rationeller Fertigungsmethoden kann nur sein, Einrichtungen zur Verfügung zu stellen, die das früher durch körperliche Anstrengung Geleistete selbst ausführen und nur noch der Bedienung und der Wartung bedürfen.

Im Sinne dieser Bestrebungen, dem Menschen selbst den Erfolg technischen Fortschritts zukommen zu lassen und im Zuge einer Kapazitätserhöhung der gesamten Fabrikationsstätten auf eine Produktion von 1000 Wagen je Tag hatten wir uns entschlossen, die bestehenden Werksanlagen auf unserem westlichen Werksgelände zu erweitern und zwischen Bundesstraße 43 und dem Bahnkörper der Strecke Frankfurt/Main—Mainz ein neues Automobilwerk zu errichten. Weder durch bestehende Gebäude eingeengt, noch durch vorhandene Anlagen gebunden, konnten bei dieser Neuplanung die letzten technischen Errungenschaften auf dem Sektor des Automobilbaues und die Welterfahrung der mit uns befreundeten General Motors Corporation in USA voll berücksichtigt werden.

Um einen reibungslosen Produktionsfluß und einen von äußeren Einflüssen völlig unabhängigen Arbeitsverlauf zu gewährleisten, wurde dieses Gebäude, wir nennen es den Bau K-40, in der vorliegenden Form, mit einer Länge von 425 m und einer Breite von rd. 298 m einer der größten Industriebauten der Bundesrepublik, errichtet. Eingeschlossen durch die großzügig angelegten Werksstraßen, bedeckt der Neubau eine Fläche von 123 111 m², die nutzbaren Flächen innerhalb des Gebäudes ergeben durch die Anordnung der einzelnen Geschosse 286 051 m². Das gesamte Gebäude hat einen Rauminhalt von 2 410 000 m³. Großzügig angelegte Rampen, 24 Treppenhäuser und 8 Aufzüge stellen die Verbindung zwischen den einzelnen Stockwerken her. Fast 130 000 m³ Beton mußten zusammen mit rd. 6400 t hochwertigem Betonstahl verarbeitet werden und 27 150 t Baustahl waren als Tragglieder der Hallenkonstruktion zu montieren. Rd. 500 000 lfdm Rohrleitungen der verschiedensten Durchmesser für Heizung, Wasser und sonstige Betriebsmittel wurden installiert. 360 000 lfdm Kabel mußten als Zuleitungen für die zahlreichen elektrischen Einrichtungen verlegt werden.

Bei den für deutsche Verhältnisse ungewöhnlichen Gebäudeabmessungen war für einen Teil der innerhalb dieses Neubaus untergebrachten Fabrikationsstätten eine natürliche Belüftung nicht mehr möglich. Um auch für diese Räume beste Arbeitsbedingungen zu gewährleisten, wurde eine vollautomatische Klimatisierungsanlage geschaffen.

In dem Gebäude wurden sämtliche Einrichtungen für Preßwerk, Karosseriebau und Wagenfertigmontage einschl. aller Vorrats- und Zwischenlager untergebracht. System und Gliederung gewährleisten einen reibungslosen Ablauf des Fabrikationsganges. Nebenanlagen und soziale Einrichtungen wurden so eingefügt, daß bei größter Sicherheit ein Optimum an Wirtschaftlichkeit erzielt wurde. Die

Abb. 1. Blick auf das neue Automobilwerk.

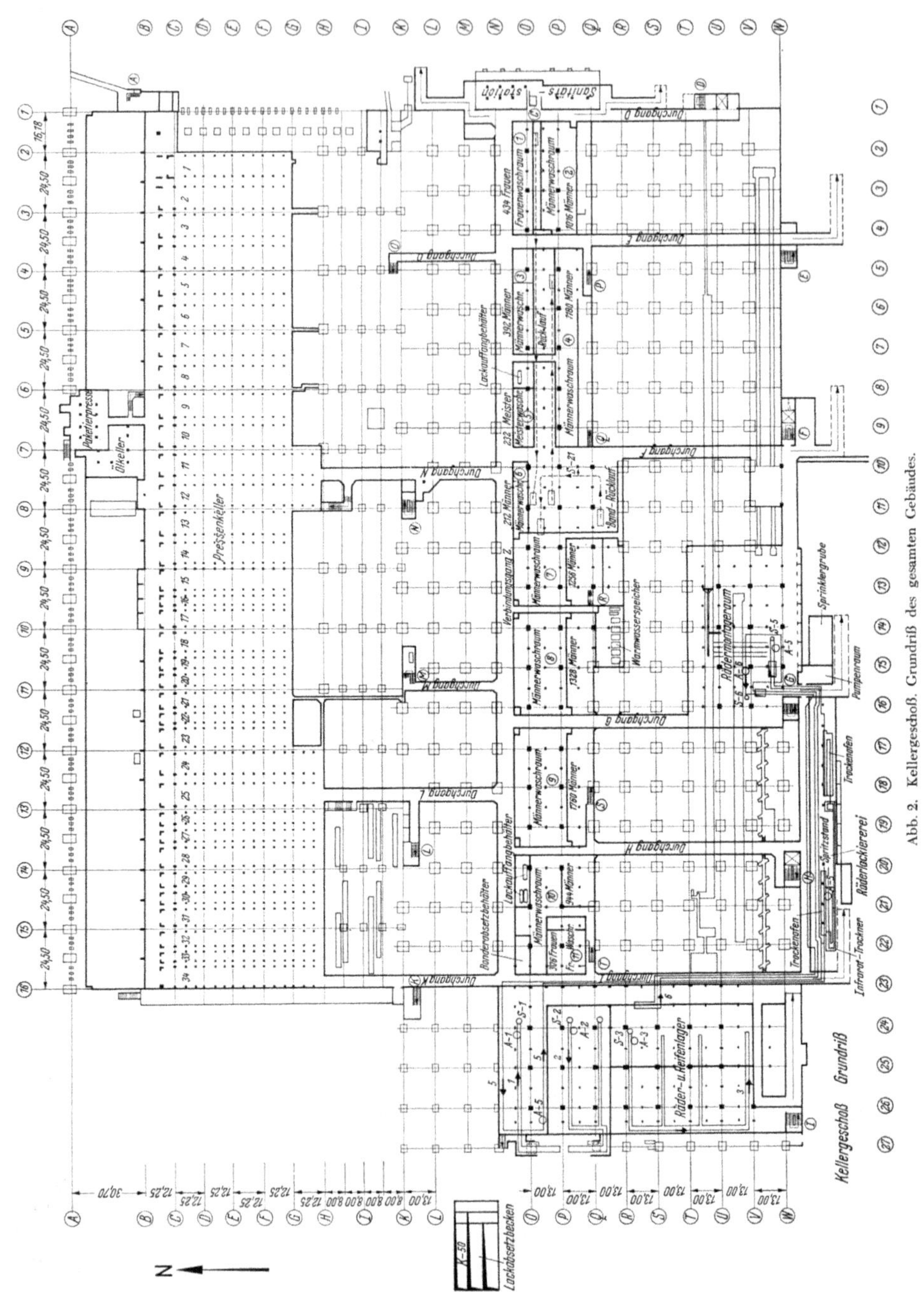

Abb. 2. Kellergeschoß. Grundriß des gesamten Gebäudes.

Sozialanlagen wie Wasch- und Umkleideräume, Speisesäle, Küchen, Toiletten, Dachgärten und Sanitätsstation, mußten für eine Belegschaft von 10 000 Leuten, die in zwei Schichten in dem gesamten Gebäude arbeiten, vorgesehen werden.

Durch die Errichtung des Karosserie- und Montagewerkes und die dadurch erreichte Kapazitätserhöhung der gesamten Produktionsstätten wurde die Erweiterung verschiedener Nebenanlagen notwendig.

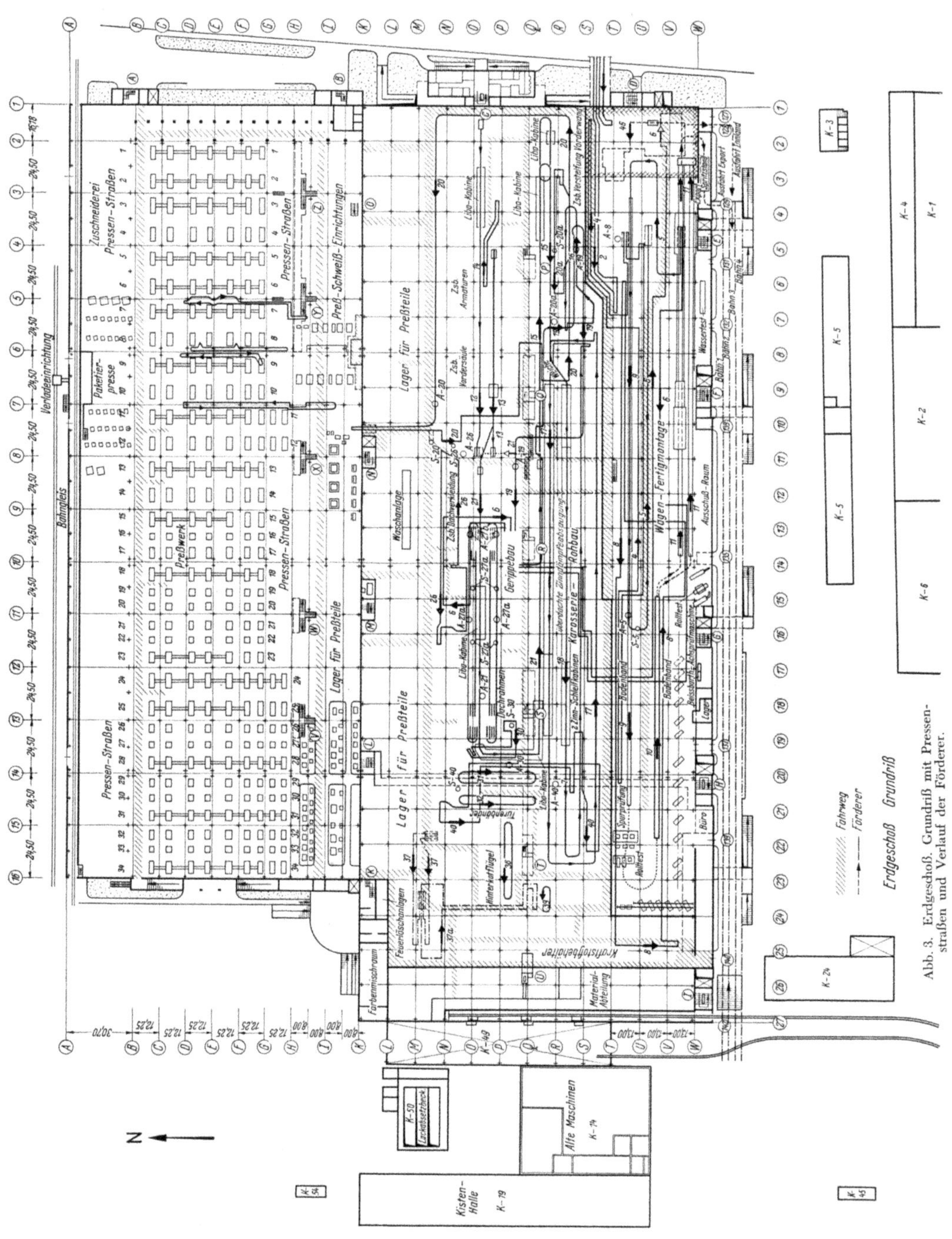

Abb. 3. Erdgeschoß. Grundriß mit Pressenstraßen und Verlauf der Förderer.

Allein für die Versorgung der neugeschaffenen Werksanlagen mußte das bestehende Hochdruckkraftwerk um zwei Kessel mit Leistungen von je 85 t Dampf je Stunde bei einem Druck von 64 atü, um zwei Turbogeneratoren mit Leistungen von je 12 500 kVA und um einen Turbokompressor mit einer Luftleistung von 48 000 m³ je Stunde erweitert werden. Hinzu kam die Erweiterung des angeschlossenen Schalthauses mit Transformatorenstation.

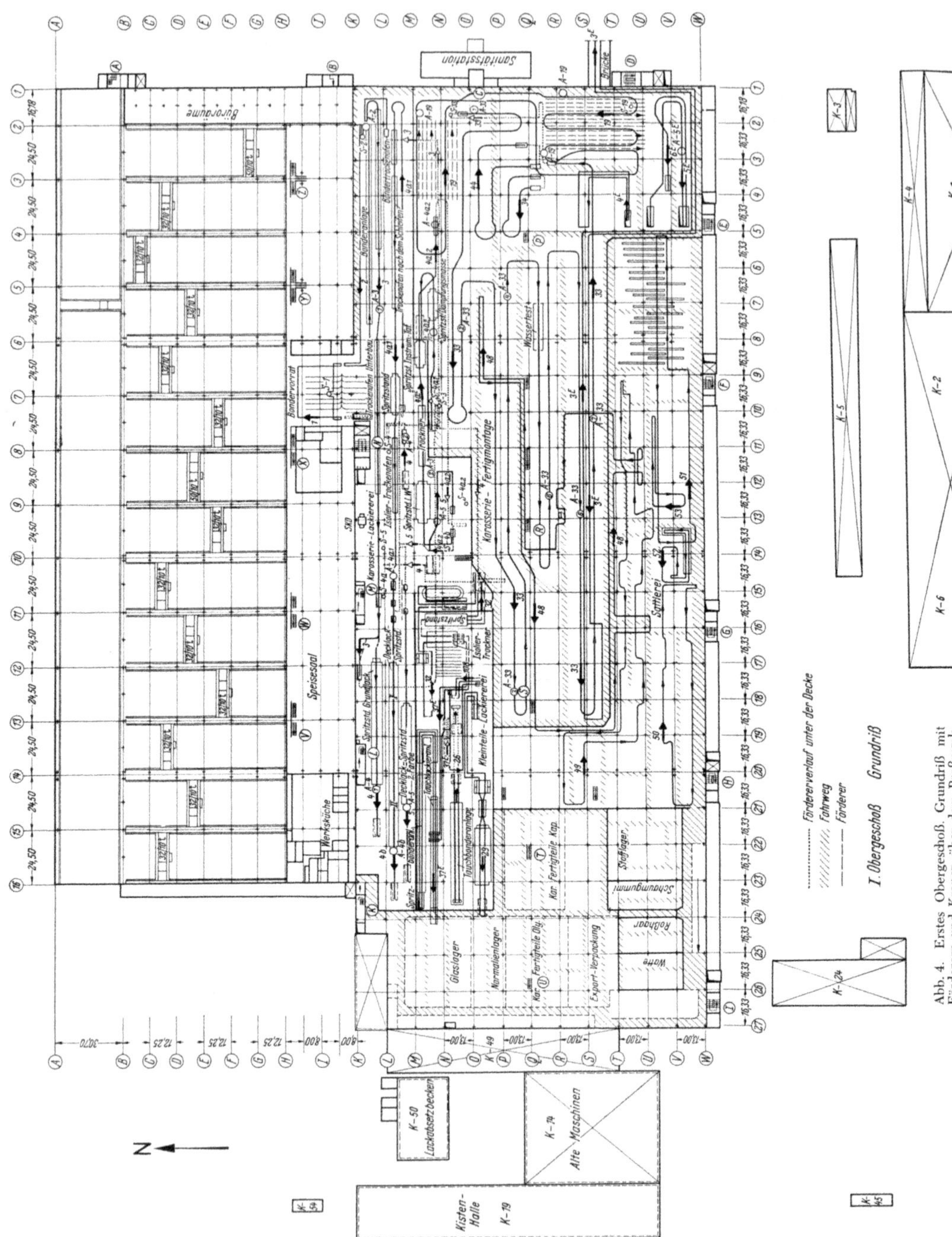

Abb. 4. Erstes Obergeschoß. Grundriß mit Förderern und Kranen über dem Preßwerk.

Weiterhin mußte ein neues Einlaufbauwerk für Gebrauchswasser mit anschließender Filterstation errichtet werden, die Leistungen der vorgesehenen vier Schauflerpumpen betragen jeweils 6000 m³ je Stunde. Zugleich mit dem Bau des Einlaufbauwerkes wurde die vorhandene Hafenspundwand am Main um rd. 60 m verlängert. Um die in

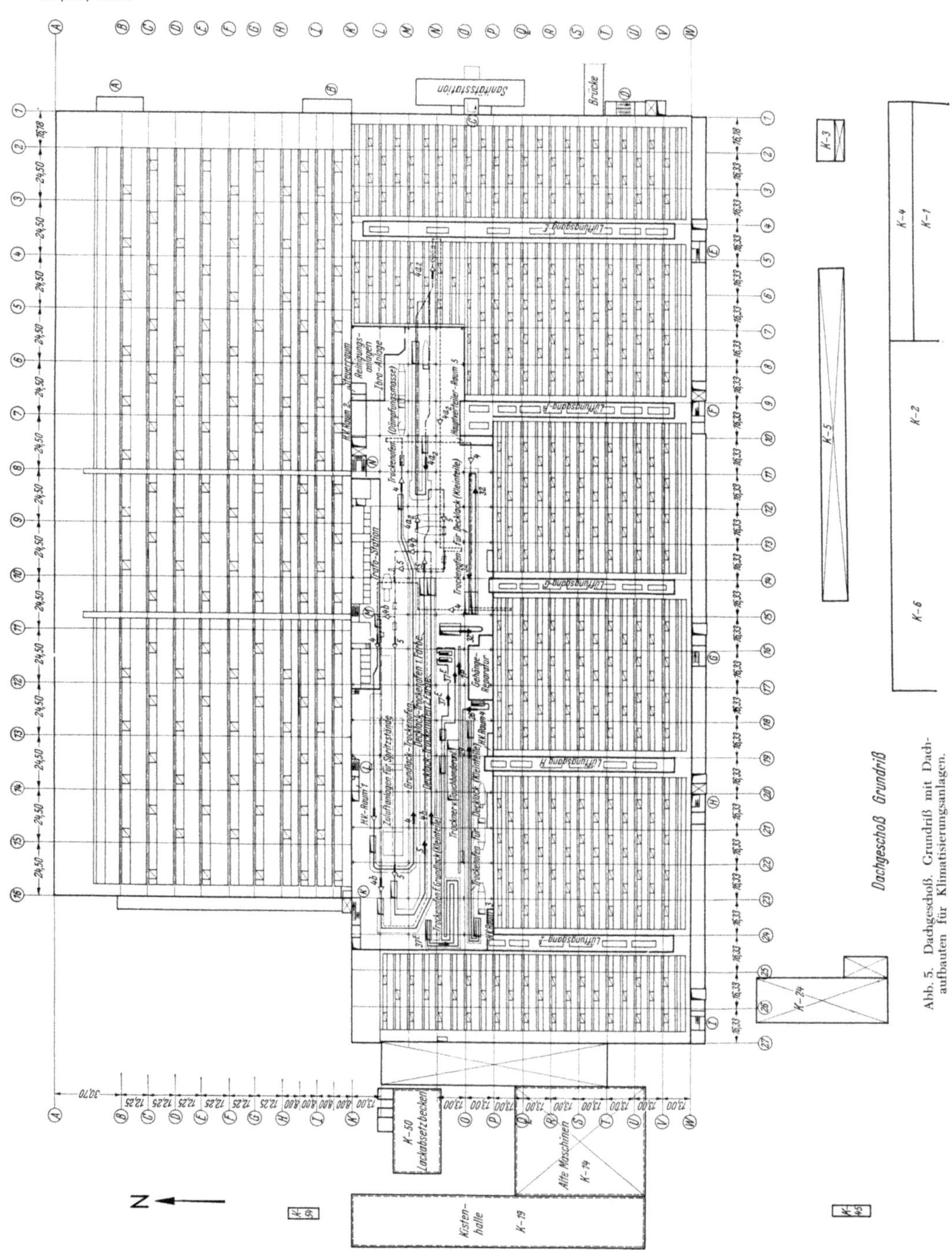

Abb. 5. Dachgeschoß. Grundriß mit Dachaufbauten für Klimatisierungsanlagen.

dem erweiterten Kraftwerk erzeugten Betriebsmittel an ihre Verwendungsstelle zu bringen, war der Bau einer rd. 500 m langen Rohrleitungsbrücke erforderlich.

Für Werksangehörige, die über die Bundesstraße 43 an ihre Arbeitsstelle in dem neuen Karosseriewerk gelangen, wurden ausgedehnte Parkplätze für Omnibusse, PKW,

Motor- und Fahrräder geschaffen. Zugleich wurde ein neues Portal, das Zu- und Ausfahrt für sämtliche Lastwagen von Lieferanten ist, errichtet.

Weitere Bauvorhaben im Rahmen der Werkserweiterung waren:

Die Errichtung einer Bockkranbahn mit Lagerflächen für Gesenke für die Herstellung von Preßteilen der Typen, die nicht mehr der laufenden Produktion angehören.

Der Bau einer Lagerhalle für Leergut und Verpackungsmaterial.

Der Bau eines zentralen Lacklagers.

Die Errichtung einer Schrotthalle.

Zur Stromversorgung der Nebenanlagen der Bau einer weiteren Transformatorenstation.

Und schließlich die Erweiterung verschiedener Produktionsstätten wie Schmiede und Motorenbau, und der Bau von Werksstraßen und Parkplätzen sowie die Herstellung der erforderlichen Gleisanschlüsse.

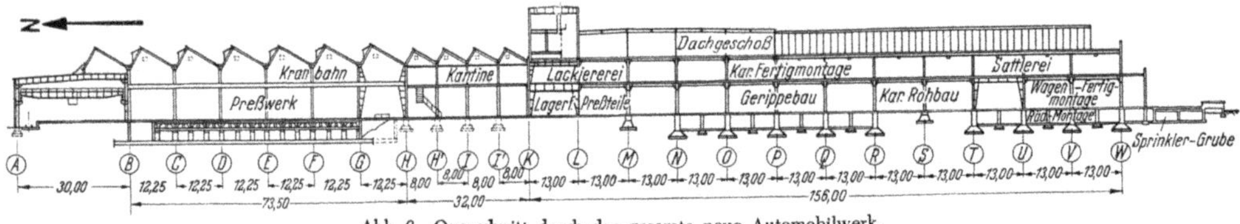

Abb. 6. Querschnitt durch das gesamte neue Automobilwerk.

Die Einrichtungen des neuen Karosserie- und Montagewerkes

Im Kellergeschoß

ein Lager für Räder und Reifen;

die Räderlackiererei, anschließend die Rädermontage;

Umkleide-, Wasch- und Baderäume (Abb. 7, 8);

die Keller für Abfallblechförderer mit Paketierpresse und für die Antriebe der Pressen.

Im Erdgeschoß

ein Lager für eingehende Bleche;

das eigentliche Preßwerk mit seinen 34 Pressenstraßen (Abb. 9);

eine Reparaturstelle für Maschinen und Schnittwerkzeuge;

ein Zwischenlager für geprägte Blechteile;

der Karosserie-Rohbau (Abb. 10);

Schweißanlagen für Großteile und bandmäßige Bearbeitung der Rohkarosserie;

die Wagenendmontage mit Materiallagern und zentralem Farbenmischraum (Abb. 11);

Sanitätsstation mit werksärztlichem Dienst für die Beschäftigten (Abb. 12).

Im ersten Obergeschoß

die Lackieranlagen für Karosserien und Kleinteile;

die Sattlerei, die Karosserie-Fertigmontage mit zugehörigem Lager (Abb. 13);

ein Zwischenlager für lackierte Karosserien;

die Speiseräume für die gesamte Belegschaft des Gebäudes einschließlich einer Großküchenanlage (Abb. 14, 15).

Im Dachgeschoß

die Trockenöfen für die Lackiererei;

Belüftungsaggregate für Spritzstände und Klimatisierungsanlagen;

die Transformatorenstationen für Preßwerk, Schweißanlagen, Karosserie-Rohbau und Fertigbearbeitung;

Werkstätten für die Instandhaltung von Einrichtungen sowie die Zentrale für die automatische Steuerung der Antriebsaggregate für die Montagebänder im ersten Obergeschoß.

Die Entwurfsplanung für Einrichtungen und Gebäude sowie die Bauleitung und die Bauüberwachung für sämtliche neu errichteten oder erweiterten Anlagen erfolgten durch unsere Hauptabteilung Werksanlagen. Nur so war ein reibungsloser Ablauf der durchzuführenden Arbeiten möglich und eine gute Zusammenarbeit mit den Bau-, Montage- und Zulieferfirmen gewährleistet.

Baubeschreibung

Das neue Karosserie- und Montagewerk wurde in zwei Bauabschnitten errichtet. Zuerst erfolgte die Erweiterung des vorhandenen Preßwerkes um 10 weitere Felder, nach deren Fertigstellung die Errichtung des Bauteiles zwischen den Achsen K und W.

System und Gliederung des Gebäudes wurden mit geringen Abweichungen über seine gesamte Länge beibehalten (Abb. 2, 3, 4, 5, 6).

Zwischen den Stützenreihen *A* und *B* das 30 m weit frei überspannte Blechlager mit einem Gleistrog, der das Gebäude mit dem werkseigenen Schienennetz verbindet, daran anschließend das eigentliche Preßwerk mit Stützweiten von 12,25 m bzw. 24,50 m, weiterhin der zweigeschossig ausgeführte Teil zwischen den Hauptstützen 8,00 m weit gespannt, von Achse *H* bis Achse *K* reichend, als Zwischenlager für geprägte Blechteile im Erd- sowie als Großküche und Speisesaal mit insgesamt 4000 Sitzplätzen im ersten Obergeschoß, und schließlich das zwei- bzw. dreigeschossige Karosseriewerk zwischen den Achsen *K* und *W* mit dem Gleistrog an der Gebäudewestseite (Reihe 27).

Das Kellergeschoß

Während in dem Feld zwischen den Reihen *A* und *B* lediglich der Ölkeller, dessen Decke für eine Verkehrslast von 30 t je m² bemessen werden mußte, und auch die Blechpaketieranlage untergebracht wurden, wurde das Preßwerk 5,00 m tief vollständig unterkellert (Abb. 2). Als Stützkonstruktion wurden zwischen den einzelnen Pressenstraßen Rahmen angeordnet, die gleichzeitig die Lasten aus den Stielen der Hallenkonstruktion übernehmen. Trägerroste, auf Konsolen an den Rahmenstielen gelagert, überspannen die Öffnungen zwischen den einzelnen Rahmenreihen und wurden nach Montage der Pressen mit Hartholztafeln als Fußbodenbelag abgedeckt. Die weiteren, vorher bereits genannten Einrichtungen, wie das Lager für Räder und Reifen, Räderlackiererei und Montage sowie die Umkleide-, Wasch- und Baderäume wurden im Bereich zwischen den Achsen *K* und *W* untergebracht. 5,00 bzw. 6,00 m breite Tunnel verbinden die einzelnen Räume mit den Zugängen und den Treppenhäusern. Über breite Flachrampen erreicht der Werksangehörige bei Arbeitsbeginn, ohne erst die Fabrikationsräume betreten zu müs-

Abb. 7. Blick in einen Waschraum.

sen, die Kellergänge und von hier aus die Garderoben, um schließlich wieder über diese Gänge und die verschiedenen Treppenhäuser an seinen Arbeitsplatz zu gelangen. Das Verlassen der Arbeitsstelle erfolgt in umgekehrter Richtung auf dem gleichen Weg. Die Waschräume erstrecken sich über nahezu die gesamte Gebäudelänge, so konnten den einzelnen Abteilungen des Betriebes jeweils die Räume zugewiesen werden, die über die zahlreichen Treppenhäuser unmittelbar zu erreichen sind. Die Waschräume selbst wurden mit Brunnen ausgestattet, in besonderen Räumen wurden Brauseeinrichtungen oder Wannenbäder installiert. Das Waschwasser wird in Boilern erwärmt und den Brunnen, Brausen und Bädern zugeleitet. Die Innenwände wurden mit Spaltwandplatten verkachelt, auf dem Fußboden wurden Terrazzofließen in der Farbe der Brunnen verlegt. Die Garderoben sind von den Waschräumen durch massive Zwischenwände vollständig getrennt. Als Bodenbelag fand hier ein Spezial-Steinholzestrich Verwendung.

Abb 8. Duschraum.

Sämtliche Tragglieder des Kellergeschosses wie Stützen, Stützmauern, Unterzüge, Treppen usw. wurden in Stahlbeton hergestellt. Zur Aufnahme der außerhalb des unterkellerten Teiles anfallenden Stützlasten wurden Stampf- bzw. Stahlbetonfundamente angeordnet.

Das Abwasser wird dem Vorfluter über das werkseigene Entwässerungsnetz zugeleitet. Wegen des geringen zur Verfügung stehenden Gefälles konnten die Abwasserleitungen nicht unter dem Kellerfußboden angeordnet werden. Es fanden Betonrohre der verschiedensten Durchmesser Verwendung. Die mit ihrer Sohle tiefer als die Kanäle liegenden Kellergänge wurden unterdükert.

Für die Ableitung des Wassers aus den Waschräumen wurde ein eigenes Leitungsnetz unter dem Kellerfußboden verlegt. Der Hauptstrang der Kellerentwässerung ist an verschiedene Gruben angeschlossen, aus denen das Abwasser durch Schauflerpumpen, die durch eine Schwimmersteuerung geschaltet werden, in das Hauptentwässerungsnetz gebracht wird.

Wegen des zeitweise relativ hohen Grundwasserstandes mußten vornehmlich im Bereich des Kellers unter dem Preßwerk umfangreiche Drainageleitungen verlegt werden.

Das Erdgeschoß

Der Erdgeschoßfußboden (siehe Abb. 3) liegt auf Rampenhöhe 1,12 m über Gleis- bzw. normaler Straßenhöhe. Hierdurch wurde erreicht, daß die gesamte Länge der in das Gebäude geführten Anschlußgleise nutzbar sind, weil Rampen für die Gleise selbst vermieden wurden. Gleiche Höhenlage von Erdgeschoßfußboden und Straßen hätte zudem Mehrkosten für die Gründungsarbeiten gebracht, da Grundwasserabsenkung und Isolierungen erforderlich geworden wären.

Der Zugang zu dem Erdgeschoß erfolgt über die dem Gebäude vorgelagerten Flachrampen, an der Südseite unmittelbar von der auf gleicher Höhe liegenden Werksstraße. Sämtliche für den Fahrverkehr vorgesehenen Tore werden

Abb. 9. Pressenstraßen mit zwischenliegendem Fahrweg.

über besondere Steuerungen elektrisch betätigt, an Gleiseinfahrten wurden aus Stahllamellen gefertigte Rolltore, an den Rampen Hub-Roll-Tore (UD-Tore), die sich beim Öffnen unter die Deckenkonstruktion schieben, verwendet. Zur Vermeidung eines Kaltlufteinfalles beim Öffnen der Tore wurden innerhalb der Windfänge an jeder Einfahrt Warmluftschleusen angeordnet.

Abb. 10. Montageband im Karosserie-Rohbau.

Abb. 11. Wagenendmontage.

An seiner Ostseite wurde dem Gebäude die Sanitätsstation vorgelagert. Sämtliche für eine erste Hilfe erforderlichen Einrichtungen sowie ein werksärztlicher Dienst wurden in dem 52,00 m langen und 12,00 m breiten eingeschossigen Vorbau untergebracht. Das 1,12 m über der normalen Straßenhöhe liegende Erdgeschoß ist von der anschließenden Werksstraße aus über Rampen und vom Betrieb aus unmittelbar zu erreichen. Abb. 12 zeigt die Hauptansicht der Sanitätsstation.

Abb. 12. Gebäude-Ostseite mit Sanitätsstation.

Erstes Obergeschoß und Dachgeschoß

Über der gesamten Grundfläche des Erdgeschosses (Abb. 4) zwischen den Achsen *K* und *W* wurde ein erstes Obergeschoß erstellt, die Stützweiten wurden beibehalten. Ein zweites Obergeschoß wurde nur über einem Teil dieser Fläche ausgebaut (Abb. 5).

In der auf das erste Obergeschoß entfallenden Dachfläche wurden, um bei den im Verhältnis zur Raumhöhe relativ großen Stützenentfernungen einen günstigen Lichteinfall zu gewährleisten, auf die Stützweiten von jeweils 13,00 m zwei Shedfelder angeordnet. In Nord-Süd-Richtung montierte Fachwerkbinder nehmen die Kehlträger, auf denen die Shedkonstruktion errichtet wurde, auf. Diesen Unterzügen wurde hier zusätzlich die Aufgabe zugewiesen, als Klimatisierungskanäle zu dienen, sie laufen als Hohlträger über je einen Gebäudeabschnitt durch, erhielten für den Austritt der aufbereiteten Luft in ihren Seitenwänden kreisförmige Aussparungen und wurden an die Aggregate in den Dachaufbauten angeschlossen. Sie sind zu Reinigungszwecken bekriechbar.

Abb. 13. Montageband in der Karosserie-Fertigmontage.

Für die nach Norden gerichteten, um 60° gegen die Waagrechte geneigten Oberlichtflächen der Sheds wurde eine kittlose Verglasung vorgesehen, in die vom Hallenfußboden aus über Gestänge zu bedienende Dachausbauten mit Lüftungsflügeln eingefügt wurden. Auf den Pfetten der nach Süden gelegenen und gegen die Waagrechte um 30° geneigten Dachebenen wurden Stegzementdielen verlegt (Abb. 6). Zur besseren Wärmedämmung wurden diese mit einer 2 cm starken Korkauflage versehen und schließlich zweifach mit Bitumenpappe eingedeckt. Um während der Bedachungsarbeiten von Witterungseinflüssen unabhängig zu sein, wurde auf die Korkschicht der einzelnen

Abb. 14. Teilklimatisierter Speiseraum mit 4000 Sitzplätzen.

Bims-Stegzementplatten bereits im Herstellerwerk eine Lage Bitumenpappe zusätzlich aufgebracht. Die Dachrinnen wurden durch feuerverzinkte Stahlrohre über Sandfänge an das Entwässerungsnetz angeschlossen. In die Sheddachflächen über dem Preßwerk schneiden die verschiedenen sog. Feuergänge ein, die über die an den Gebäudeaußenwänden hochgeführten Leitern zu erreichen sind. Die Holme dieser Leitern dienen gleichzeitig der Wasserzuführung. Die Sheddachfläche des südlichen Bauteiles wird, wie in Abb. 5 dargestellt, durch Dachaufbauten, in denen die Klimatisierungsaggregate untergebracht sind, unterbrochen. Zu beiden Seiten der mit Wellasbestzementplatten verkleideten Gänge wurden ebenfalls befahrbare Feuerstege angeordnet.

Abb. 15. Großküche für die Versorgung der 10 000 Beschäftigten im neuen Werk.

Im Zentrum des Karosseriebaues liegt in einem besonderen Dachaufbau die Transformatorenstation. Bei dem äußerst starken Verbrauch an elektrischer Energie wurde durch diese zentrale Anordnung die Zuführung hoher Spannungen bis in den Schwerpunkt der Fabrikationsanlage ermöglicht. Zugleich wurde für diese empfindliche und für

Abb. 16. Brücke für Versorgungsleitungen über B 43, im Hintergrund die Nordansicht des neuen Automobilwerkes.

die Fertigung wichtigste Einrichtung größte Betriebs- und Unfallsicherheit erreicht.

Der Anlage können bis zu rd. 40 000 kVA entnommen werden.

Auf die Nordostecke des Preßwerks trifft die Brücke für Versorgungsleitungen. Dampf-, Preßluft-, Gas-, Warmwasserleitungen sowie Hochspannungskabel werden hier vom Kraftwerk her kommend über die Bundesstraße 43 geführt. Eine Ansicht dieser Brücke ist in Abb. 16 dargestellt.

Allgemeines

Für die Gebäudeaußenwände wurde eine besonders klare und ruhige Gliederung gewählt, wobei in erster Linie die Forderungen der Produktion berücksichtigt wurden: durchlaufende Fensterbänder, umrahmt von [-Trägern zur Aufnahme des um 12 cm der Stahlkonstruktion vorgeblendeten 25 cm starken Klinkermauerwerkes. Stahlstiele treten nur noch als Anschläge für die Fenster in Erscheinung. Die Haupttreppenhäuser sowie die anschließenden Aufzugschächte springen um ihre Tiefe von 6,50 m vor die Außenwände des Gebäudes hervor. Zusammen mit den Treppenhäusern wurden massive Luftschächte, die im Brandfalle der Abführung des Rauches dienen, vom Kellergeschoß aus bis über Dach geführt. Auf Abb. 17 sind die Ansichten des Gebäudes dargestellt.

Auf die vollautomatisch arbeitende Klimatisierungsanlage, die zur Schaffung bester Arbeitsbedingungen innerhalb des Gebäudes installiert wurde, wurde bereits hingewiesen. Über Dach angesaugte Frischluft wird in Spezialfiltern gereinigt, in Luftwaschanlagen aufbereitet, gekühlt und, je nach Bedarf, in Heizaggregaten erwärmt automatisch geregelt über ein sehr verzweigtes Luftzuführungsnetz in dem Gebäude verteilt. Im ersten Obergeschoß übernehmen vornehmlich die hohlen Kehlträger die Verteilung der Luft, während im Erdgeschoß, im Keller und in den nicht durch Sheds überdachten Teilen des Gebäudes unter den Decken montierten Blechkanälen diese Aufgabe zugewiesen wurde. Die in den Dachaufbauten angeordneten 33 Aggregate lassen je Stunde eine 5—7fache Lufterneuerung zu, so daß in den Werkstätten einwandfreie Luftverhältnisse gewährleistet sind. Als Wärmemittel zur Speisung der Heizbatterien in den Aggregaten dient vom Kraftwerk unmittelbar zugeleitetes Heißwasser von 125° C.

Bei der Planung des Gesamtprojektes wurde den Anlagen für den Feuerschutz größte Beachtung geschenkt. Auf die Rauchabzugschächte wurde bereits im Zusammenhang mit den Treppenhäusern hingewiesen. Die einzelnen in dem Gebäude untergebrachten Fabrikationsräume wurden durch 24 cm starke Brandmauern und durch feuerhemmend ausgeführte, sich selbsttätig schließende Tore gegeneinander abgetrennt. Um einen absoluten Schutz vor Bränden zu gewährleisten, wurden sämtliche Räume mit einer vollautomatischen Sprinkleranlage ausgestattet. Ein ständig unter einem Druck von 10 atü stehendes Rohrleitungsnetz wurde, in einzelne Gruppen geschaltet, unter den Geschoßdecken installiert und trägt die nahezu 43 000 Sprühdüsen, durch die bei einer unzulässigen Wärmeentwicklung Löschwasser automatisch in den Raum zersprüht wird. Die Anlage ist an drei voneinander unabhängige Wasserquellen angeschlossen. Für die örtliche Bekämpfung eines Brandes stehen zahlreiche Feuerlöscheinrichtungen zur Verfügung. Die in die Dachflächen einschneidenden Stege ermöglichen zudem die Bekämpfung eines ausgedehnten Brandes, selbst mit Schaum- und Wasserwerfern durch die sog. Feuertüren, die in die Giebelwände eingefügt wurden. Zum Schutze besonders gefährdeter Anlagen wurden CO_2-Löschanlagen installiert. Für Räume, in denen Schwelbrände entstehen können, wurden Rauchmeldeanlagen vorgesehen. Über eine sehr verzweigte Feuermeldeanlage kann die Werksfeuerwache alarmiert werden.

Stahlbetonarbeiten

Einzelheiten zu Konstruktion und Statik

In der vorhergehenden Beschreibung sind bereits die Größe der Bauaufgabe sowie auch das Wesentliche der

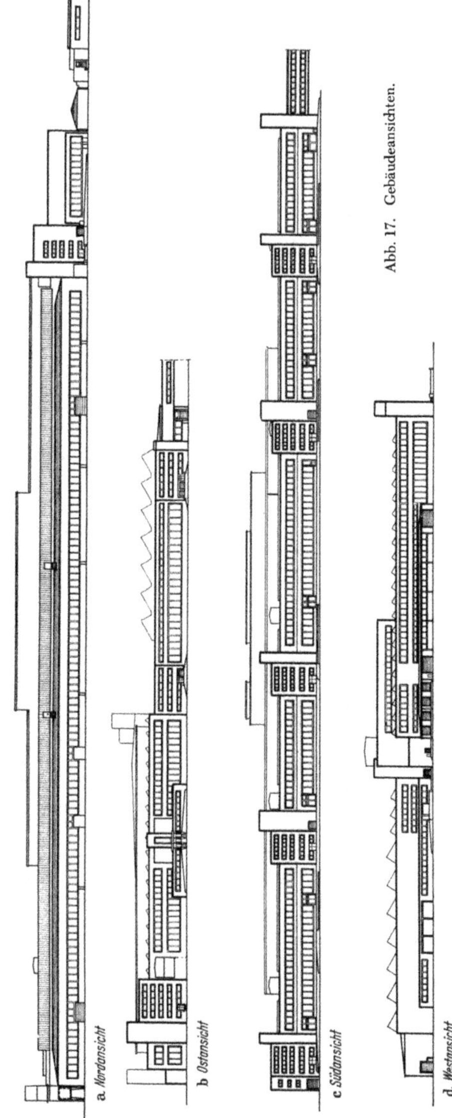

Abb. 17. Gebäudeansichten.

Konstruktion eingehend behandelt, so daß die Darstellung sich auf wenige Einzelheiten beschränken kann.

Umfangreiche Voruntersuchungen über die zu wählende Achsteilung nach betrieblichen und wirtschaftlichen Gesichtspunkten führten dazu, im Bereich des Preßwerkes die bereits ausgeführte Teilung von 12,25 × 24,50 beizubehalten, während man sich beim Karosseriewerk für 13,00 × 16,33 m entschied. Es war ein Zeichen der guten Planung, daß diese Teilung konsequent beibehalten wurde. Für die Ausführung, insbesondere der Stahlbetonarbeiten, war dies ein unschätzbarer Vorteil und zum Teil ein Grund dafür, daß die Arbeiten in erstaunlich kurzer Zeit wirtschaftlich durchgeführt werden konnten.

Die Hauptkonstruktionsteile sind:

1. Einzelfundamente in Stampf- bzw. Stahlbeton zur Aufnahme der Hallenkonstruktion in Stahl.
2. Ölkeller mit einer wasserdichten Isolierwanne für eine Deckennutzlast von 30 t/m².
3. Pressenfundamente mit Pressenkeller in Verbindung mit den Stützenfundamenten für die Stahlkonstruktion.
4. Keller für Waschräume, Räder, Reifenlager usw.
5. Verbindungsgänge zwischen den Kellern.
6. Kanäle, Düker und Klärgruben.
7. Geschoßdecken.

Es handelt sich um verhältnismäßig einfache Bauglieder, die statisch keine Besonderheiten bieten, jedoch die Lösung vieler konstruktiver Fragen erfordern.

Erwähnenswert sind die Pressenfundamente. Dieselben sind nach den bewährten Erfahrungen des 1951 errichteten Preßwerkes ausgebildet. Die Auflager für die Pressen bestehen aus einem Rost von IP-Trägern, so daß jederzeit Pressen verschiedener Systeme untereinander ausgewechselt werden können, ohne die Stahlbetonkonstruktion zu verändern. Die Größe der zu übertragenden Lasten sowie die auf 2 kg/cm² beschränkte Bodenpressung bedingen eine einheitliche Ausbildung von Maschinen- und Gebäudefundament. Die Berechnung als elastisch gelagerte Platte gewährleistet bei einer Länge von 50 m und den stark wechselnden Lasten eine wirtschaftliche Lösung.

Auch der Ölkeller mit einer Nutzlast von 30 t/m² stellt eine außergewöhnliche Konstruktion dar. Bei den gewünschten kleinen Abmessungen ließ sich eine wirtschaftliche Konstruktion nur erreichen, indem man die Flächentragwirkung des geschlossenen Stahlbetonkastens voll ausnutzt.

Baudurchführung

Die Ausführung erfolgte in zwei Bauabschnitten. Der erste Abschnitt, für den eine Bauzeit von 7 Monaten vorgesehen war, umfaßte die Erweiterung des 1951 erstellten, etwa 136,0 m breiten K-40 (Preßwerk) um etwa 250,0 m nach Westen. Das Karosseriewerk, südlich an den K-40 mit einer Fläche von 156 × 425,0 m anschließend, wurde im zweiten Bauabschnitt in etwa 14 Monaten erstellt.

Folgende Zahlen geben den Umfang der Arbeiten wieder:

Erdarbeiten	110 000 m³	und	210 000 m³	=	320 000 m³
Beton	50 000 m³	und	80 000 m³	=	130 000 m³
Betonstahl	2 200 t	und	4 200 t	=	6 400 t.

Die Bauaufgabe, gekennzeichnet durch ihren ungewöhnlichen Umfang, mußte in sehr kurzer Zeit durchgeführt werden. Eine weitere Besonderheit lag in der vielfachen Wiederholung einzelner Konstruktionsglieder. Bereits die technische Bearbeitung nahm hierauf Rücksicht, indem sie gerade die konstruktive Gestaltung dieser Glieder besonders sorgfältig und erst nach vielen Vergleichsuntersuchungen festlegte.

So erwies sich als vorteilhaft, sowohl die bewehrten als auch die unbewehrten Fundamente, im allgemeinen aus Stampfbeton treppenförmig hergestellt, in Pumpbeton mit pilzförmigem oberem Absatz in Schalung auszuführen. Hierdurch ließen sich erhebliche terminliche Vorteile erzielen.

Die Bewehrungskörbe sämtlicher Nebenträger der Kellerdecken wurden so gestaltet, daß sie geflochten verlegt werden konnten, wodurch sich der Vorteil einer Serienarbeit bemerkbar machte.

Für die Keller- und Geschoßdecken wurde ein gesondertes Baustahlgewebe (rd. 400 t), das sich der Momentlinie anpaßte, angefertigt.

Die Schalung für Keller- und Geschoßdecken wurde sorgfältig vorbereitet. Es erwies sich als wirtschaftlich, für ein Dehnungsfugenfeld der Kellerdecke (rd. 32 × 40 m) eine geschlossene Schalungseinheit zu entwickeln, die alle Anforderungen an eine vielfache Verwendung erfüllte. Der Umbau ging so schnell vonstatten, daß in einer Woche mit einer Einheit rd. 1200 m² eingerüstet, bewehrt, betoniert und wieder ausgeschalt werden konnte (Abb. 18 bis 21).

Abb. 18. Einschalen der Decke über dem Kellergeschoß.

Abb. 19. Schalung für die Unterzüge.

Abb. 20. Stützenschalung.

Es waren über 100 000 m² Geschoßdecken zu betonieren. Daher lohnte sich der Einsatz einer mit Hilfe eines fahrbaren Rohrgerüstes leicht umsetzbaren Schalung.

In Abb. 22 ist die Baustellen-Einrichtung dargestellt. Auf der Nordseite des Bauwerkes in Achse 10 stand eine zentrale vollautomatische Mischanlage, bestehend aus zwei 750 l-Mischern, die auf zwei dazwischenliegenden Betonpumpen L 7 arbeiteten. Seitlich standen zwei Kiessilos mit 60 m³ Fassungsvermögen, von Bändern und Handschrappen bedient, sowie die erforderlichen Zementsilos mit Biegeeinrichtungen. Diese Anlage diente vorwiegend zur Betonierung der Pressenfundamente und der zugehörigen Keller. Folgende Zahlen zeigen die Leistungsfähigkeit der Anlage: 800 m³ Beton, die zur Herstellung einer Pressenstraße erforderlich waren, mußten mit Rücksicht auf die hohen Beanspruchungen des Fundamentes ohne Arbeitsfugen in einem Gang eingebracht werden. Bei einer durchschnittlichen Stundenleistung von rd. 30 m³ war diese Arbeit in etwa 25 Stunden möglich.

Abb. 21. Bewehrung der Deckenplatte.

Zur Unterstützung der vorerwähnten Mischanlage stand eine zweite Anlage auf der Westseite und eine dritte auf der Südseite. Die letztere Anlage war nur mit Tiefsilo ausgerüstet und arbeitete ohne Betonpumpe. Einzelheiten sind aus der Abb. 22 zu ersehen.

Auch für den zweiten Abschnitt wurde eine große zentrale Mischanlage aufgestellt, die mit Rücksicht auf die Platzverhältnisse mitten im geplanten Neubau stationiert war. Trotzdem konnte dieselbe bis zur Erstellung des gesamten Bauwerkes in Betrieb bleiben, da Planung und Ausführung in vorbildlicher Weise miteinander abgestimmt wurden.

Die Einrichtung bestand aus einem 1500 l-Mischer, an den zwei Pumpen mit 15 und 20 m³ Stundenleistung angeschlossen waren. Zwei Hochsilos mit 40 m³ Fassungsvermögen, ein Vorsilo sowie zwei Zementsilos ergänzten die vollautomatisch arbeitende Anlage.

Aus der Beschreibung der Anlagen geht bereits hervor, daß der gesamte Beton, von wenigen Ausnahmen abgesehen, gepumpt wurde. Bei der Weiträumigkeit der Baustelle war als Transportmittel nur die Betonpumpe besonders geeignet.

Die Betonherstellung wurde durch ein eigenes Laboratorium, das sämtliche erforderlichen Eignungsprüfungen durchführen konnte, ständig überwacht. Außerdem stand eine eigene Maschine zum Abdrücken der Probewürfel zur Verfügung. Für die Betonherstellung wurde oberrheinisches Material verwendet, wobei je nach vorhandener Sieb-

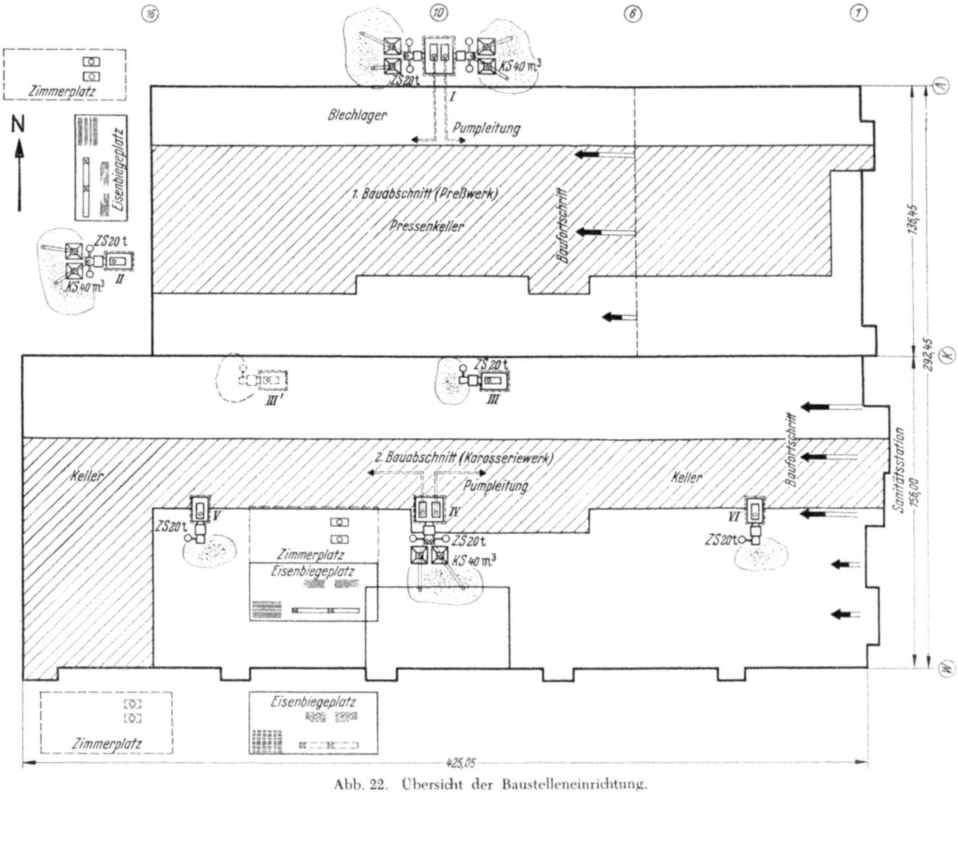

Abb. 22. Übersicht der Baustelleneinrichtung.

Abb. 23. Teilaufnahme der Baustelle, im Hintergrund Zementsilos und Mischanlagen.

kurve die fehlende Körnung zugesetzt wurde. Mit Rücksicht auf die Verarbeitung wurde Plastokret zugesetzt. Die erforderlichen Festigkeiten B 225 und B 300 wurden einwandfrei erreicht, selbst wenn der Beton bis zu 250 m weit gepumpt werden mußte.

Eisenlager und Eisenbiegeplatz lagen für den ersten Bauabschnitt auf der Westseite und für den zweiten Bauabschnitt auf der Südseite des Neubaues. Als Transportmittel für das gebogene Eisen und die fertigen Körbe wurde ein LKW eingesetzt. Die ausgedehnten Zimmerplätze lagen jeweils in unmittelbarer Nähe des betreffenden Eisenbiegeplatzes. Die vorbereitete Schalung wurde gleichfalls mit LKW zur Einbaustelle gebracht. Für die Hebung größerer Lasten stand ein gummibereifter Autokran zur Verfügung. Nur für das Mauerwerk wurden Aufzüge, zum Teil fahrbar, eingesetzt.

Stahlkonstruktion

Terminliche Vorteile bei der Erstellung und weitgehende Freizügigkeit hinsichtlich der Anpassung des Baues an die jeweiligen Erfordernisse des Betriebes während der Nutzung der Bauten führte dazu, das gesamte Tragwerk oberhalb ± 0 bzw. + 1,12 m in Stahl auszuführen.

Die hieran geknüpften terminlichen Erwartungen wurden durch die Abwicklung der Arbeiten im Werk und auf der Baustelle vollauf bestätigt. Die Fertigstellungsfristen von der Auftragserteilung bis zum Abschluß der Montage bei den einzelnen Bauabschnitten zeigt folgende Zusammenstellung:

1. Teil des Preßwerkes	1 950 t	9 Monate	13 350 m² Grundfläche
2. Erweiterung des Preßwerkes	4 300 t	7 Monate	34 100 m² Grundfläche
3. Karosseriewerk mit Aufbauten	15 000 t	14 Monate	70 000 m² Grundfläche

Die gesamte Stahlkonstruktion wurde ausschließlich mit Autokranen montiert, von denen durchweg zwei, zeitweise jedoch vier an der Baustelle eingesetzt waren. So war es möglich, trotz der verhältnismäßig geringen Einzelgewichte Montageleistungen bis zu 2200 t monatlich zu erreichen. Die Abb. 24 zeigt zwei der Krane bei der Montage.

Aber auch die verhältnismäßig einfache Änderungsmöglichkeit des Stahlbaus hat sich insbesondere beim Karosseriewerk bereits während der Bauzeit erwiesen: Zusätzliche Erfahrungen und auch Verbesserungsvorschläge der Einrichtungsspezialisten konnten bei der Stahlkonstruktion durch Tieferlegen von Deckenträgern, Veränderung und Verlegung der Deckenöffnungen, Verstärkung einzelner Deckenträger und Unterzüge zur Aufnahme größerer Einzellasten, die die durchschnittliche Bühnennutzlast überschritten usw., berücksichtigt werden.

Zur Frage der Feuersicherheit der Stahlkonstruktion sei hier noch einiges vermerkt. Die Konstruktion des Preßwerkes bedurfte keines Schutzes, da die Betriebsvorgänge denen eines normalen Industriebetriebes entsprechen. Für das gesamte Werk, auch für die Spezialwerkstätten, in denen außer Spritzkabinen und Farbtauchbehältern die Sattlerei und die Polsterei untergebracht sind, wurde der Feuerschutz eingehend erörtert. Durch die Umgrenzung der besonders gefährdeten Anlagen mit Brandmauern, durch die selbsttätig schließenden Feuerschutztüren und die in diesem modernen Betrieb ohnehin durchweg vorgesehene Sprinkleranlage, die nach menschlichem Ermessen Flächenbrände nicht erst aufkommen läßt bzw. sie auf kleinsten Raum lokalisiert, konnte auch hier auf einen weiteren Feuerschutz der Konstruktion verzichtet werden.

Abb. 24. Montage des zweigeschossigen Bauteils.

Das Preßwerk mit seiner längs vorgelagerten Blechlagerhalle und den daran anschließenden 14 Hallenschiffen für die 34 Pressenstraßen und dem für die Lagerung der Preßteile notwendigen Erdgeschoß des zweistöckigen Shedbaues (Abb. 6, 25, 26) bilden eine Einheit. Das Dach, aus 12,25 m weit gespannten Sheds bestehend, überdeckt das ganze Preßwerk bis auf einen schmalen Streifen der Blechlagerhalle, der von den Fenstern der Nordseite direkt belichtet wird. Das Lager für die Preßteile erhält kein Tageslicht; die

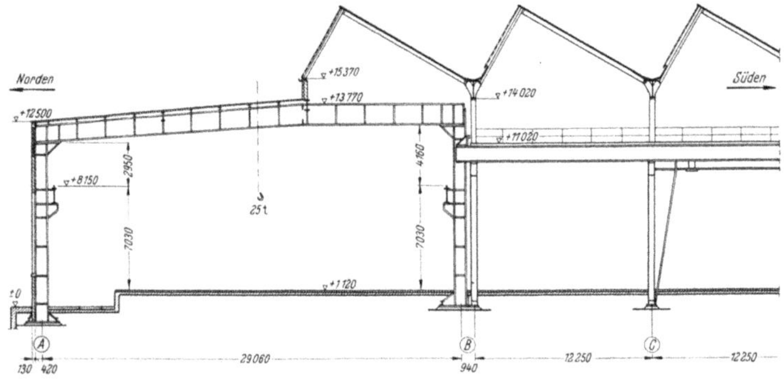

Abb. 25. Querschnitt durch Blechlagerhalle mit Gleistrog, daran anschließend das Preßwerk.

Preßteile werden in Spezialgestellen mit Gabelstaplern bis zur vollen Geschoßhöhe gelagert. Das Obergeschoß des zweistöckigen Baues, dessen Dach 8,0 m weit gespannte Sheds aufweist, ist mit der Belegschaftsküche, den Speiseräumen usw. ein zwischengeschaltetes Glied, das sowohl zum Preßwerk als auch zu dem anschließenden

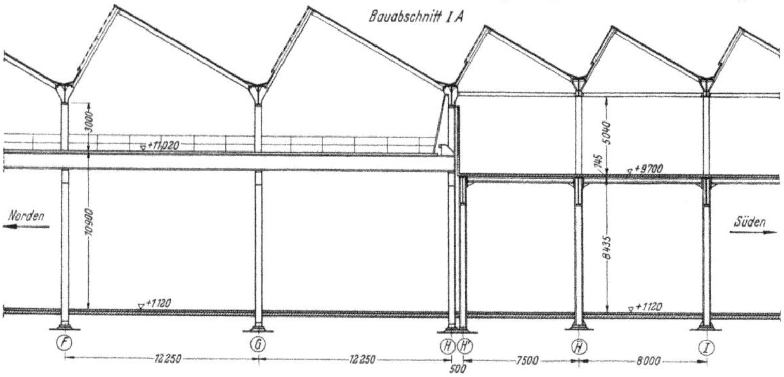

Abb. 26. Anschluß des zweigeschossigen Bauteils für Speisesaal und Stapelraum an das Preßwerk.

Abb. 27. Teil des Preßwerkes.

Karosseriewerk gehört; das gleiche gilt für die im Komplex des Karosseriewerkes liegende Transformatorenstation.

Preßwerk und Karosseriewerk sind durch eine Fuge vollständig voneinander getrennt, so daß sich Erschütterun-

Abb. 29. Stahlkonstruktion des südlichen Bauteils.

gen aus den schweren Kranen über den Pressenstraßen mit 32/10 und 50/10 t Nutzlast nicht zum Karosseriewerk fortpflanzen können.

Das im wesentlichen zweigeschossige Karosseriewerk weist bis auf die durch Temperaturfugen ohnehin bedingten Abweichungen fast durchweg gleiche Gliederung auf. Die Gleichheit wurde im Sheddach durch das teilweise vorgesehene zweite Obergeschoß und die 5 Lüfteraufbauten mit Transport- und Feuerstegen gestört. Trotzdem konnte auch hier durch gleichgelagerte Anordnung der Aufbauten wieder eine gewisse Einheitlichkeit erreicht werden. Die rund um das Karosseriewerk liegenden Anbauten: Sanitätsstation, Treppenhäuser mit Büroeinbauten und Abortanlagen usw. stören die aus den Hauptschnitten ersichtliche Gliederung der Konstruktion nicht. Selbst die über der Decke + 16,7 m beginnende Transformatorenstation mit zwei Treppenhäusern konnte in der Grundrißgliederung untergebracht werden.

Es wurde größter Wert auf bestes Aussehen der Bauten gelegt. Inwieweit dies in der Zusammenarbeit der Entwurfs- und Konstruktionsbüros gelungen ist, lassen die Abb. 1, 12, 14, 17, 27 erkennen. Aber auch in grundsätzlichen konstruktiven Lösungen zeigte diese Zusammenarbeit beachtliche Ergebnisse. Hingewiesen sei hier auf die Ausbildung der Shedkehlträger im Karosseriewerk als Kastenträger. Im Bereich der Belegschaftsküche und der Speiseräume des Preßwerkes bereitete die Verlegung besonderer Luftkanäle für die Raumbeheizung Schwierigkeiten. Als Ausweg wurden die Kehlträger (Abb. 28, mittlere Skizze) im Verlauf der äußeren Begrenzungen der Aussteifungen mit Blech verkleidet und die Abmessungen aufs äußerste beschränkt, so daß sich ein ausreichender Durchströmungsquerschnitt beiderseits des Stegblechs ergab.

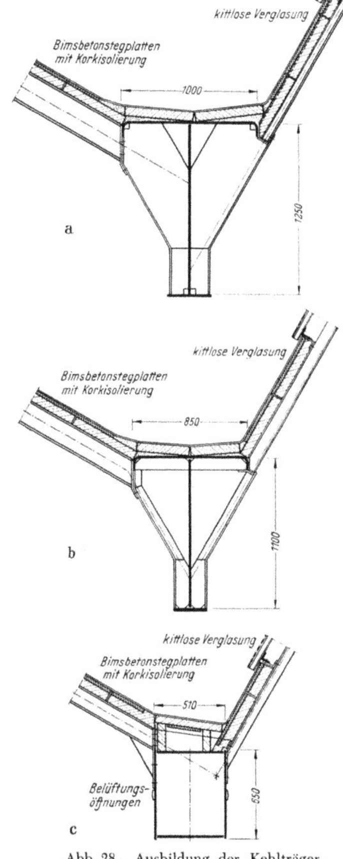

Abb. 28. Ausbildung der Kehlträger.

Die späteren Bemühungen, im Karosseriewerk zu einer geschlossenen Lösung dieser Aufgabe zu kommen, führten zu dem dargestellten Kastenquerschnitt. Der strömungstechnisch notwendige lichte Querschnitt und die Abmessungen des Kastens als Träger ließen sich im vorliegenden Falle gut aufeinander abstimmen. Der gewählte Querschnitt mit 650 mm Höhe und 510 mm Breite erfüllte alle Forderungen; die Anpassung der Träger an den Verlauf der Momentenlinie wurde durch Verstärken der oberen und unteren Platte erreicht. Aus den Abb. 14, 15, 29 sind die Warmluftaustrittsöffnungen in den Seitenwänden ersichtlich.

Der statische Aufbau

Aus den Quer- und Längsschnitten des Preßwerkes ist das statische System dieses zusammenhängenden Bauabschnittes klar erkennbar. Die eingespannten Rahmen des Blechlagers werden durch die Portale in den Längshallen horizontal unverschieblich gehalten. Diese Portale nehmen daher neben den Bremskräften der Krane und den Windkräften auf das Sheddach auch die Windkräfte auf die Außenwand des Blechlagers auf. Gleichzeitig dienen sie der Stabilisierung des zweigeschossigen Shedbaues (Preßteillager, Küche, Speiseräume usw.), der mit Rücksicht auf die vollständige Ausnutzung des Stapelraumes keine besonderen aussteifenden Portale erhalten konnte.

In der anderen Richtung — Längsrichtung der Blechlagerkranbahn und Querrichtung der Kranbahnen über den Pressenstraßen — erhielt die Blechlagerhalle in jedem Dehnabschnitt Portale und der Bauteil über den Pressenstraßen eingespannte Stützen bis auf die Stützen neben den Dehnfugen, die Pendelstützen sind. Alle Kranbahnträger und Shedkehlträger sind kontinuierliche Träger über 7 bzw. 5 Stützen.

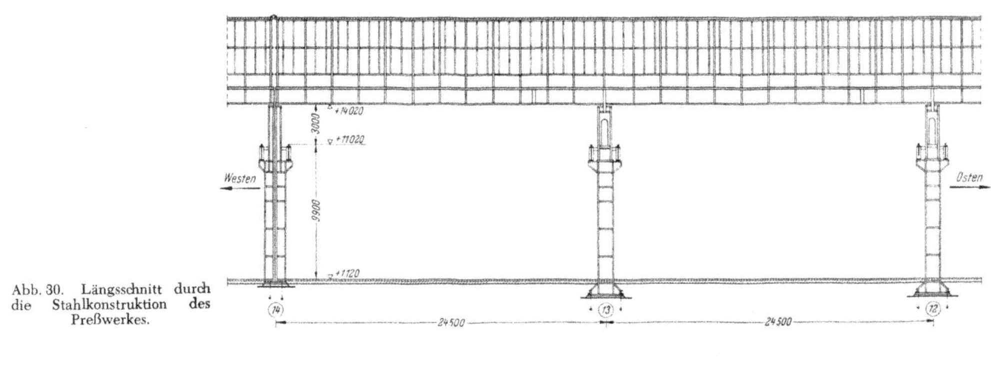

Abb. 30. Längsschnitt durch die Stahlkonstruktion des Preßwerkes.

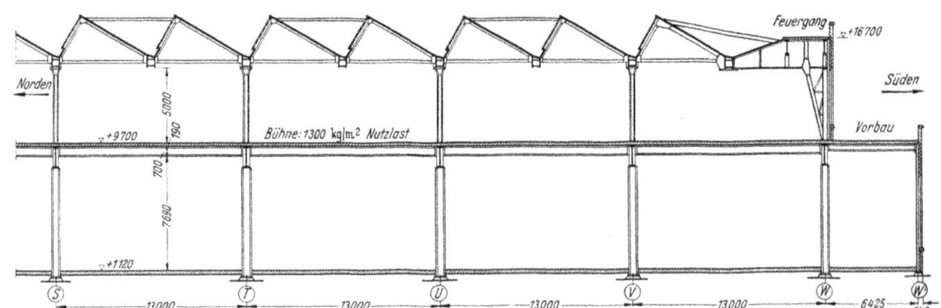

Abb. 31. Querschnitt durch den zweigeschossigen südlichen Bauteil.

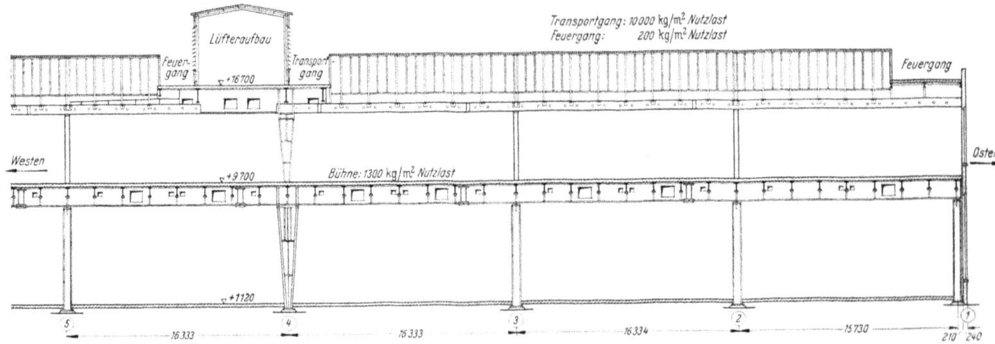

Abb. 32. Längsschnitt durch einen Teil der Stahlkonstruktion des zweigeschossigen Bauteils zwischen den Achsen P und W.

Das statische System der Sheds ist ein Gelenksystem, bei dem durch die biegesteife Verbindung der Dachsparren mit den Querscheiben des Shedkehlträgers kurze Kragarme entstehen, welche die Gelenkpfosten des Oberlichtes aufnehmen.

Das Karosseriewerk ist in seinem statischen Aufbau einheitlicher, alle Deckenträger (Nord-Süd-Richtung) und Unterzüge (Ost-West-Richtung) sind als kontinuierliche Träger auf den ganzen Bereich eines Dehnabschnittes ausgebildet. Die Stützen sind im Erdgeschoß und im Obergeschoß im allgemeinen Pendelstützen.

Für die Aufnahme des Windes in Richtung der Unterzüge wurde in jeder Unterzugsreihe etwa in der Mitte jedes Dehnabschnittes eine Stütze mit dem darüberliegenden Unterzug biegesteif verbunden. Im Obergeschoß wird die notwendige Windaussteifung jeweils durch die biegesteife Verbindung der östlichen Stütze unter den Lüfteraufbauten mit dem 2,0 m hohen Unterzug erreicht. Windkräfte in der Richtung der Deckenträger werden in beiden Geschossen durch Portal- bzw. Halbportalrahmen mit den Stützen als Pfosten aufgenommen.

Die Deckenträger haben bei 2,04 m Belastungsbreite 13,0 m und die Unterzüge 16,33 m Spannweite. Auf der Breite von 13,0 m sind zwei Sheds von je 6,5 m Spannweite angeordnet. Die bereits erwähnten Kastenkehlträger haben 16,33 m Spannweite; sie sind ebenfalls kontinuierlich ausgebildet. Der zwischen den Stützenreihen liegende Kehlträger wird durch einen Fachwerkträger aufgenommen, dessen Obergurt außerhalb des Daches die Firstpunkte der beiden benachbarten Sheds verbindet.

Von besonderem Interesse dürfte das statische System der Transformatorenstation sein, deren Querschnitt Abb. 33 zeigt. Die in ihrer Bauhöhe stark beschränkten Deckenträger der Decke + 16,70 m (700 mm einschl. Deckenplatte) konnten wirtschaftlich nicht zur vollen Aufnahme der Lasten aus den 1-Stein starken Wänden der Transformatorenzellen, der 12 t schweren Transformatoren und der anteiligen Lasten der Kabelböden und der Schalträume auf + 24,25 m bemessen werden. Die Hauptanteile der angeführten Lasten wurden daher durch Hängestangen in der südlichen Wand der Trafozellen zu dem unter der Decke + 24,25 m liegenden Längsunterzug geleitet, der mit Stützweiten von 8,16 m an den in diesen Abständen liegenden vollwandigen Dachbindern aufgehängt ist. Durch diese Maßnahme verblieb nur ein geringer Teil der Lasten für die Deckenträger, die nun mit dem Regelquerschnitt der Endfelder des übrigen Deckenbereiches ausgeführt werden konnten. Bei den Dachbindern stand die wirtschaftliche Wahl der Bauhöhe frei, so daß der Aufnahme der oben angeführten Lasten bei günstigster Bemessung nichts entgegenstand.

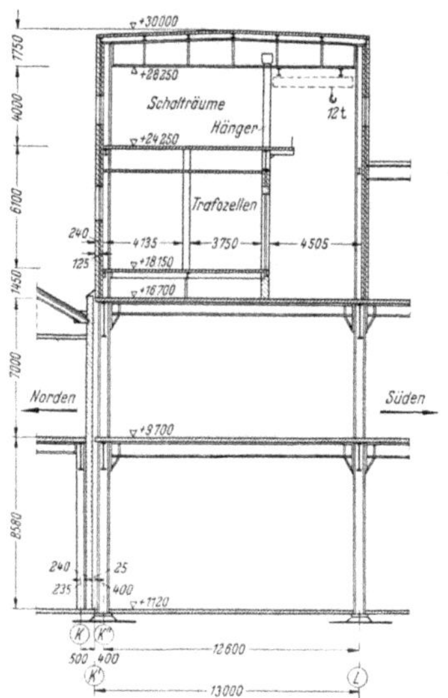

Abb. 33. Querschnitt durch die Transformatorenstation.

Konstruktionseinzelheiten

Konstruktionseinzelheiten lassen die Abbildungen weitgehend erkennen. Die Konstruktion des zweiten Teiles des Preßwerkes und des Karosseriewerkes wurde im wesentlichen geschweißt; abgesehen natürlich von den Trägern, die noch wirtschaftlich als Walzträger ausgeführt werden konnten und z. B. den Fachwerkträgern im Sheddach des Karosseriewerkes, bei denen sich die Nietung als wirtschaftlicher herausstellte. Das gute Aussehen der Konstruktion wurde jedoch bei allen Entscheidungen beachtet. In einigen Fällen waren durch den Entwurf vorgegebene Einzelheiten für die Wahl der Ausführungsart maßgebend; so z. B. die Bauhöhen der Decken + 9,70 m und + 16,70 m im Karosseriewerk. Sie ließen unter gleichzeitiger Beachtung der Wirtschaftlichkeit nur Schweißausführung für die Deckenträger zu. Ähnlich lag die Situation bei den Kastenkehlträgern im Sheddachbereich des Karosseriewerkes; die Schweißausführung war hier von vornherein gegeben.

Abb. 34. Stahlkonstruktion im Bereich des ersten Bauabschnittes.

In Abb. 28 sind die Querschnitte der verschiedenen Shedkehlträger mit den Anschlüssen der Shedsparren und Shedpfosten dargestellt. Durch das Abkanten der oberen Gurtplatten bei den einstegigen Trägern ließen sich die Querschnitte äußerst wirtschaftlich gestalten. Einen guten Eindruck der ausgeführten Sheddächer in der Untersicht vermitteln Abb. 34 und 35.

Abb. 35. Stahlkonstruktion im Bereich des ersten Bauabschnittes.

Die geschweißten Stützen, Kranbahnträger und Portale des Preßwerkes zeigen Abb. 36 und 37. Die Baustellenstöße der sonst durchweg geschweißten Kranbahnträger wurden genietet.

Die Ausführung der Deckenträger, Unterzüge und Stützen des Karosseriewerkes bietet an sich nichts Beachtenswertes. Nachdem die durch die vorgeschriebene Bauhöhe der Decken bedingte Entscheidung über die geschweißte Ausführung getroffen war, lagen auch die Kon-

Abb. 36. Stahlkonstruktion des Preßwerks.

struktionseinzelheiten fest. Die Kontinuität der Deckenträger wird durch Überbindelaschen im Zuggurt und Druckkeile erreicht. Die Verbindung zwischen der Kontinuitätslasche und dem Obergurt der Deckenträger wurde

Abb. 37. Montage eines Portalrahmens im Bereich des Preßwerks.

auf der Baustelle geschweißt. Es lag nahe, hierfür hochfeste Schrauben zu verwenden, jedoch fiel eine für 3000 Kontinuitätspunkte aufgestellte Kalkulation eindeutig zugunsten der Baustellenschweißung aus. Die Verwendung der hochfesten Schrauben scheiterte an dem z. Z. noch relativ hohen Preis. Die Kontinuitätslaschen wurden schmaler ausgeführt als die Obergurte der Deckenträger, damit einwandfrei von oben geschweißt werden konnte.

Die bei allen Unterzügen der Decken + 9,70 m und + 16,70 m notwendigen Ausschnitte in den Stegen (Abb. 38 und 39) zur Durchführung von Luftkanälen und Rohrleitungen, die möglichst in dem Raum zwischen den Deckenträgern untergebracht werden sollten, waren wirtschaftlich nur in Schweißkonstruktion auszuführen.

Die geschweißten Stützen wurden im allgemeinen aus zwei Normalträgern mit dazwischenliegendem Steg hergestellt. Neben der gleichen Knicksicherheit über beide Achsen ergab diese Profilwahl den günstigsten Materialpreis und relativ niedrige Werkstattkosten.

Abb. 38. Untersicht der Decke auf + 9,70 m.

Besondere Beachtung verdient die Ausbildung der Unterzüge unter den Lüfteraufbauten im Karosseriewerk. Bei grundsätzlich einstegiger Ausbildung geht dieser geschweißte Blechträger beiderseits in die Kastenform der anschließenden Kehlträger über. Außerdem mußte der Verlauf des Obergurtes am westlichen Trägerteil dem Gefälle der Shedkehlrinnen angepaßt werden. Ausschnitte für Luftkanäle und Rohrleitungen waren auch hier wieder vorzusehen. Dieser Träger war nur in Schweißkonstruktion ausführbar.

Die Erd-, Beton- und Stahlbetonarbeiten für den I. Bauabschnitt wurden unter der Leitung der Firma Hochtief A.G., die gleichzeitig für die Entwurfsbearbeitung verantwortlich zeichnet, zusammen mit den Firmen Dyckerhoff & Widmann K.-G. und Grün & Bilfinger ausgeführt, während beim II. Bauabschnitt Planung und Ausführung bei der Firma Hochtief A.G. lagen.

Abb. 39. Hauptunterzüge und Deckenträger auf + 9,70 m.

Für die Stahlkonstruktion lagen die Federführung, die statische Berechnung, die Planbearbeitung und die Montageführung dieses größten geschlossenen Bauvorhabens der Nachkriegszeit mit rund 20 000 t Stahlkonstruktion in den Händen von Firma Fried. Krupp, Maschinen- und Stahlbau, Rheinhausen. An der Lieferung und der Montage waren die Firmen M.A.N., Werk Gustavsburg, Hilgers A.-G., Rheinbrohl und Stahlbau B. Seibert GmbH, Aschaffenburg, beteiligt.

Die Verfasser der Beiträge zu vorstehendem Aufsatz sind: Heinrich Bärsch, Dipl.-Ing. Helmut Stark, Adam Opel AG, Rüsselsheim; Obering. Dr.-Ing. Heinrich Nagel, Fa. Hochtief, Frankfurt, und Obering. Jacob Labonte, Fa. Fried. Krupp, Rheinhausen.

GPSR Compliance
The European Union's (EU) General Product Safety Regulation (GPSR) is a set of rules that requires consumer products to be safe and our obligations to ensure this.

If you have any concerns about our products, you can contact us on

ProductSafety@springernature.com

In case Publisher is established outside the EU, the EU authorized representative is:

Springer Nature Customer Service Center GmbH
Europaplatz 3
69115 Heidelberg, Germany

www.ingramcontent.com/pod-product-compliance
Ingram Content Group UK Ltd.
Pitfield, Milton Keynes, MK11 3LW, UK
UKHW021926190726
13853UKWH00002B/878

* 9 7 8 3 6 6 2 2 4 3 7 7 0 *